水娃娃洞庭奇旅记

彭 洁 陈世文 朱 浩◎编著

气象出版社
China Meteorological Press

内容简介

本书结合水上交通安全科普宣传的必要性，整合岳阳气象科普资源，传承气象文化，讲述了吉祥卡通人物水娃娃在洞庭湖的奇幻之旅，用故事的形式介绍了洞庭湖区域遇险—自救—防御等水上交通安全知识，以读者喜闻乐见的漫画形式，呈现可能遭遇的气象灾害，旨在构建具有岳阳特色的气象科普体系和气象文化体系，提高全民水上交通安全意识，是一部具有地方特色的水上交通安全气象科普读物。

图书在版编目（CIP）数据

水娃娃洞庭奇旅记 / 彭洁，陈世文，朱浩编著 . --

北京：气象出版社，2020.12

ISBN 978-7-5029-7326-1

Ⅰ.①水⋯　Ⅱ.①彭⋯　②陈⋯　③朱⋯　Ⅲ.①大气环境—环境保护—普及读物 Ⅳ.① X51-49

中国版本图书馆 CIP 数据核字（2020）第 229237 号

Shui Wawa Dongting Qilü Ji
水娃娃洞庭奇旅记

出版发行：气象出版社			
地　　址：北京市海淀区中关村南大街 46 号		邮政编码：100081	
电　　话：010-68407112（总编室）　010-68408042（发行部）			
网　　址：http://www.qxcbs.com		**E-mail**：qxcbs@cma.gov.cn	
责任编辑：黄海燕		终　审：吴晓鹏	
责任校对：张硕杰		责任技编：赵相宁	
封面设计：地大彩印设计中心		绘　图：易昀杨	
印　　刷：天津新华印务有限公司			
开　　本：787 mm×1092 mm　1/16		印　张：2.5	
字　　数：50 千字			
版　　次：2020 年 12 月第 1 版		印　次：2020 年 12 月第 1 次印刷	
定　　价：20.00 元			

序

　　一切生命活动均起源于水，水循环影响全球的气候和生态，并不断改变地表的形态。大自然中的水，像一个神奇的魔术师，变化多端、难以捉摸，在给人类带来无穷无尽资源宝库的同时，也常常给社会生产生活造成许多无法挽回的损失。

　　洞庭湖，吞吐长江，接纳湘、资、沅、澧四水，自古以来就是我国水上交通枢纽。大风、低能见度、洪涝等灾害性天气是影响洞庭湖流域水上交通出行的重要因素。据统计，恶劣天气引发该流域的水上安全事故占事故总数的40%左右，成为水上安全事故的主要诱因之一。

　　江湖安澜，是千百年来洞庭湖区人民亘古不变的期待。本书借用"水娃娃"漫画形象，生动展示了水与天气之间的密切关系，让读者们看到一个精彩纷呈、复杂多变的洞庭水世界，希望以这种贴近生活、通俗易懂的方式，让读者们在轻松阅读中了解洞庭湖，获取气象知识和安全常识，养成关注社会、关爱自然的良好意识。

　　同时，希望广大读者能够通过本书提升大气环境保护意识，树立安全生产理念，实现人与大自然的和谐共生。

2020 年 10 月

吉祥物水娃娃

　　吉祥物以正直、开朗、阳光的"水龙王"形象为主要设计元素，整体色调蓝色，体现蓝天和水域的基本特征；尾巴形如云朵，表明吉祥物的气象寓意和文化内涵；面部水滴设计和颈部吉祥如意锁的造型，体现水域气象科普的主题，同时寓意水上交通平平安安。

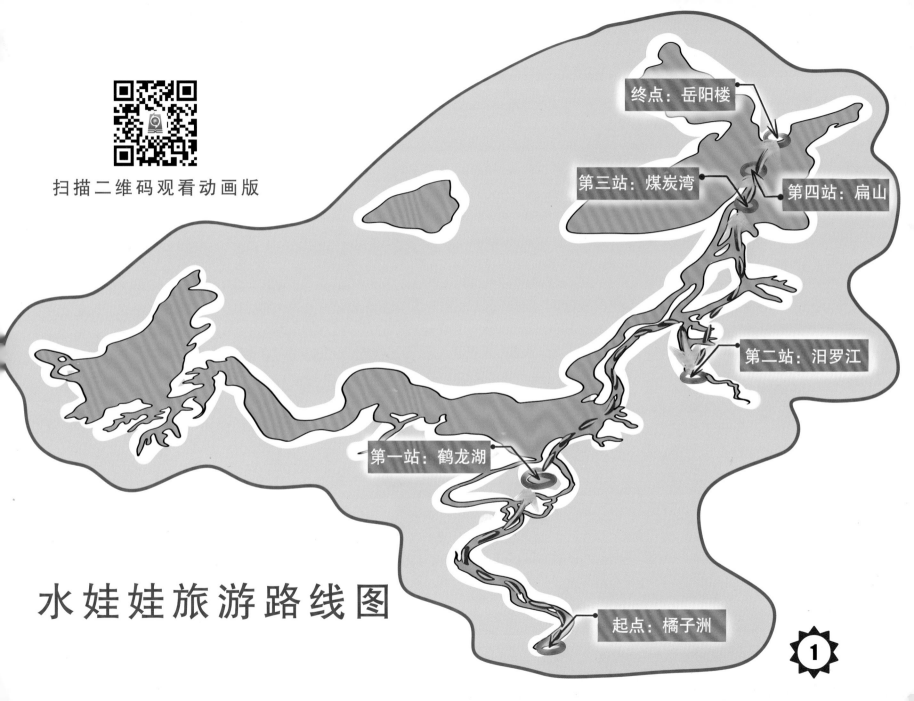

终点：岳阳楼

第三站：煤炭湾

第四站：扁山

第二站：汨罗江

第一站：鹤龙湖

扫描二维码观看动画版

水娃娃旅游路线图

起点：橘子洲

①

在平静的橘子洲水面上，鲤鱼爷爷正在讲述着他的故乡。

我的故乡在美丽的东洞庭湖，在那里，有江南三大名楼之一的岳阳楼，很多文人墨客都曾挥笔吟诗，留下千古名句；在那里，有很多很多珍稀动植物；在那里，最让我印象深刻的，还是那被风雨洗涤过后的如诗如画的世界。

水娃娃听后，对洞庭湖充满了好奇和向往。

于是，水娃娃背上背包，向朋友们告别，踏上了前往东洞庭湖的旅程，开始了他的洞庭之旅。

起点：

4

知识小课堂

H₂O

水娃娃沿着湘江流域，来到了第一站——鹤龙湖，热情地向他遇到的第一个人打招呼。

哇哦，水娃娃，你身后跟着的小可爱可真不少啊！

嗨，洞庭一号船长，很高兴见到你！

洞庭一号

6

鹤龙湖为湘阴境内一个天然湖泊，位于鹤龙湖管区，面积10000余亩（1亩≈666.7平方米），2011年，鹤龙湖被列入"国家湿地重点自然保护区"。鹤龙湖与湘阴县城隔江相望，湘江大桥建成后，与县城融为一体。

在清晨的水面上，水分子非常多，又遇到了水娃娃带来的新的小伙伴们，于是，轻雾开始形成了。

呃……船长，我带来的这些小伙伴好像给你的船只带来了困扰。

哦，水娃娃，对于水运交通来说，这些雾，可真是个大麻烦了。

洞庭 一 号

雾的形成条件

 静稳天气

增加水汽

 凝结核

冷却

龙湖水质清澈，湖内资源丰富，盛产闸蟹、甲鱼、河蚌和桂鱼、白鱼、叉尾肥、尾刁等 20 多种名贵鱼种，都是天然绿色食品。近百年来，便以盛产鲜鱼而闻名于北，特别是近三十年来，螃蟹、甲鱼等一些名特优水产品的养殖已形成了规模。

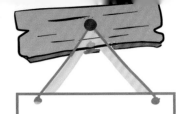

在湘江航道和东洞庭湖航道交汇处，水面上渐渐弥漫起了大雾，持续时间长的江面雾可是航运安全的头号"杀手"，给水路通航环境带来极大隐患。

洞庭一号船长急忙拨打了天气电话96121。

喂，是气象台吗？我是洞庭一号船舶，正在开往东洞庭湖，已驶入鹤龙湖区域，请问大雾还有多久能够消散啊？

船长听了气象台的建议后，赶紧寻找附近的船舶站停船靠岸，等候大雾散去。

我们在昨晚22点10分发布了大雾黄色预警，根据目前的天气情况，预计大雾在明天早上8点左右能够散去，目前能见度不足500米。能见度低，建议您使用雷达检测附近的船只，多瞭望，减速慢行。

您好，这里是岳阳市气象台，很高兴接到您的来电。

雾的等级划分标准，按水平能见度距离划分：

①水平能见度在1~10千米的称为轻雾。

②水平能见度低于1千米的称为雾。

③水平能见度在200~500米的称为大雾。

④水平能见度在50~200米的称为浓雾。

⑤水平能见度不足50米的称为强浓雾。

雾的种类较多，根据形成条件不同，可分为辐射雾、蒸发雾、平流雾、上坡雾等。出现在水面上的雾多为蒸发雾和平流雾。

此时，水上救援队也及时赶到了现场，帮助船只上受困的人员。

看来，我得找太阳公公出来帮帮忙了。

您可以拨打水上遇险求救电话12395寻求水上救援队的帮助。

遭遇能见度不足500米的天气时，要注意瞭望，谨慎驾驶，船员上甲板要穿救生衣，必要时采取停航或就地锚泊等措施，确保船舶航行安全。雷达显示，可以往这边走。

大雾预警信号

黄色预警

橙色预警

红色预警

雾消散原因：

一是下垫面增温，雾滴蒸发；

二是风速增大，将雾吹散或抬升成云；

三是湍流混合，水汽上传，热量下递，近地层雾滴蒸发。

雾的持续时间主要与当地气候干湿有关：一般来说，干旱地区多短雾，多在 1 小时以内消散，潮湿地区则以长雾最多见，可持续 6 小时左右。

小课堂

12

有了太阳公公的帮助，水面温度慢慢升高，大雾也开始渐渐散去，水娃娃抖了抖身上的小水滴，在船长的邀请下，品尝了鹤龙湖美味的大闸蟹。

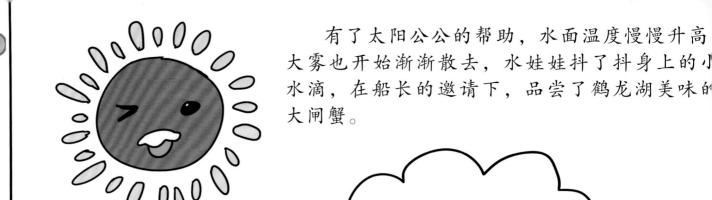

感谢完一号船长的盛情邀约，水娃娃整理了行囊，挥手与大家告别，继续他的洞庭之旅。

水娃娃沿着洞庭湖流域游到了第二站——素有"蓝墨水的上游"之称的汨罗江，江边两岸粉墙村舍，桃红柳绿，水草鲜美，一幅典型的水乡画卷映入水娃娃眼帘。

汨罗江自东向西流经平江城区，自汨罗市转向西北流至磊石乡，于汨罗江口汇入洞庭湖，为南洞庭湖湖区最大河流。

水娃娃乐不思蜀地游历着屈子祠、骚坛等名胜古迹，划着独木龙舟，品着独具特色的当地美食——米粽，完全沉浸在湘楚文化与爱国情怀当中。

汩罗江流域人文历史独特，因承载着诗祖屈原和诗圣杜甫这两位诗人的傲骨忠魂而闻名中外，台湾著名学者余光中先生赞叹"蓝墨水的上游是汩罗江"。

空气的水平运动称为风。中国气象观测业务规定，瞬时风速达到或超过 17 米 / 秒（或目测估计风力达到或超过 8 级）的风为大风。在中国天气预报业务中则规定，蒲福风级 6 级（平均风速为 10.8~13.8 米 / 秒）或以上的风为大风。

地球不同地方，接收太阳辐射的强度不同。

产生冷热差异

形成了风

使空气产生运动　　地球地转偏向力

可是，正当水娃娃还在闭着眼睛遐想感叹的时候，从北方来旅游欣赏洞庭美景的风婆婆却不高兴了，她本来眼睛就不大好使，这会儿好了，不但没看到美景，还被大雾迷了眼睛。

风婆婆一边拿出老花眼镜辨别"路况",一边气鼓鼓地呼哧呼哧……呼、呼、呼……吹起了大风。

风力等级：依据标准气象观测场 10 米高度处的风速大小划分为 0~17 级（共 18 个等级）。

风力童谣

零级风，烟直上；
一级风，烟稍偏；
二级风，树叶响；
三级风，旗翩翩；
四级风，灰尘起；
五级风，起波澜；
六级风，大树摇；
七级风，行路难；
八级风，树枝断；
九级风，烟囱坍；
十级风，树根拔；
十一级，陆罕见；
十二级，更少有，
风怒吼，浪滔天。

水娃娃在途经第三站——煤炭湾时，与洞庭二号撞了个正着。煤炭湾是一大片宽阔的水域，两边的岸线变得相当遥远，船儿像驶入大海一样。发现天气异常的洞庭二号船长马上警惕起来。

刚刚收到气象部门发布的大风黄色预警信息，江河湖面风力将达到 9 级，我们必须马上做好防范措施。

号二庭洞

要知道风浪一旦超过船只的承受能力，就会有翻船的危险。

水娃娃
小提示

根据天气预报，为确保运输安全，不能冒险抗风航行，需马上停止作业，加强船岸联动，回港避风，严格执行抗风等级规定，加固船只和钻井平台等，风浪过去后再航行！

湖面上的大风影响航行，对水上施工等作业危害甚大，是一种灾害性天气。而且，煤炭湾水系发达，船舶种类、数量众多，船员要密切关注天气变化，了解天气信息，谨慎驾驶，防碰撞，防走锚，防强风，顺风浪行驶，切忌船的侧面迎向风浪，易翻！

水娃娃顺着河流自南向北来到了第四站——扁山，洞庭湖心的一个孤岛，周边浩瀚迂回。与风婆婆同向而来的冷空气甚感孤单，正愁着没人陪他玩呢，这时候，正好碰到了洞庭湖区还在熟睡的暖空气。

洞庭二号

2012 年，为

于是，顽皮的冷空气顺着风向，悄悄地来到了暖空气下方，一把将暖空气高高举起，像海狮顶球似地把暖空气顶向了上空。

湖行船安全，扁山上特意修建了一个航道灯塔

洞庭三号

21

正做着美梦的暖空气忽然被冷空气这么一捉弄，心里不禁窝火，与冷空气扭打成一团。 这时，恰逢湖南航道水位高涨的涨水期（4—8月），岳阳正值主汛期，水位变化大，水流湍急，风、雾、雨等天气现象极为复杂。

在高温高湿的环境下，看着乱成一团的局面，水娃娃一时间也不知所措，焦虑起来。他开始踱步、旋转，身体变得越来越庞大，加上风婆婆和暖气流对流的影响，水娃娃变成了极具破坏力的水龙卷。

龙卷知识小扩展

　　由于龙卷属于小范围、短历时天气现象，气象站记录很有限，一般只有大致发生时间、地点，很少有灾情记录，所以主要从《中国气象灾害大典》各省分卷、地方志，以及气候影响评价等渠道收集龙卷的详细资料（1953—2018 年）。结合全国气象灾情普查数据、气象专家现场调查等渠道补充 2006—2018 年的龙卷记载。岳阳洞庭湖周边曾有起讫时间记录的龙卷见下表。

龙卷记录

地　点	日期	时间	持续时间（分钟）
湘阴、汨罗、平江	1983 年 4 月 27 日	16:05	30
岳阳市君山区钱粮湖	1992 年 4 月 21 日	01:00	19
岳阳市君山区钱粮湖	1998 年 5 月 7 日	21:20	8
岳阳县扁山	2017 年 8 月 13 日	09:05	10

根据东洞庭湖周边的气象站自建站以来记录的龙卷情况，龙卷发生的地域分布不均，历史上龙卷发生最多的地方在君山区钱粮湖附近地区，这里地处东洞庭湖西部的沿湖地带，地势较平坦，江河湖泊纵横，北部有桃花山、七女峰等丘陵山脉，东南部有东南—西北向麻布大山等山脉。

　　春夏季节，下垫面加热强烈，大量加热空气被迫抬升，产生强烈的上升气流，受西南急流和北方南下强冷空气的共同影响，产生强烈的风切变，如果恰好有中小尺度气旋经过，就很容易产生龙卷。

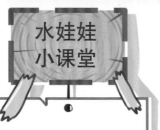

强对流天气多发生在夏季午后。当近地面的空气从地球表面接收到足够的热量时，就会膨胀，密度减小，这时大气处于不稳定状态，就像水缸里的油和水一样，当密度较小的油处于水缸底部，而水处于上部时，一定会产生强烈的上升运动，最终油会浮到水面上。同理，近地面较热的空气在浮力作用下上升，并形成一个上升的湿热空气流。当上升到一定高度时，由于气温下降，空气中包含的水蒸气就会凝结成水滴。

看着正在"打架"的冷、暖空气，以及气鼓鼓的风婆婆和已经乱了方寸的水娃娃，雨点点也不甘示弱地上前来凑热闹。

　　顷刻之间，雷暴、大风、强降水齐上阵，在高温、高湿的水面上，形成具有重大杀伤力的灾害性天气——强对流，场面变得十分凶险，眼看水面航行的船舶就要翻船了……

　　当水滴下降时，又被更强烈的上升气流携升，如此反复不断，小水点开始积集成大水滴，直至高空气流无力支撑其重量，最后下降成雨。这也导致夏天雷雨不像春雨那般细雨绵绵，而是水滴较大，噼里啪啦地下。

　　世界上把强对流列为具有杀伤性的灾害性天气。导致强对流天气的另一罪魁祸首是全球变暖。

冷空气冲击暖气团，迫使其强烈上升，气流发生上升和下沉运动，从而产生大风；在抬升过程中，由于空气流动使热的水蒸气遇到冷空气，凝结成小水滴，就会形成降水；如果没有空气流动，冷热空气就不会相遇，当然也就不会形成降水啦。

雷雨大风常出现在强烈冷锋前面的雷暴高压中。雷暴高压中心温度比四周低，下沉气流极为明显，雷暴高压前部为暖区，暖区有上升气流，就在这个下沉气流与上升气流之间，存在着一条狭窄的风向切变带，为雷雨大风发生处，它过境时就会带来极其强烈的暴风雨。

灾难就要发生了！水娃娃对自己说："冷静！冷静！我需要冷静下来！"水娃娃一边努力平定自己的情绪，一边大声地呼喊。

经过长时间的较量，冷暖空气都已精疲力竭，风雨渐渐停歇，天空出现了彩虹，整个世界明亮清澈。水娃娃终于抵达终点——岳阳楼。游历至此，水娃娃将进入他的下一段旅程——长江。

亲爱的小朋友们，风雨雷电将会重新集结，水娃娃下一个旅程即将开始，欢迎你和他一起体验惊险神奇的长江之旅。

岳阳楼

东洞庭湖位于长江中游荆江江段南侧，在全球变暖的大背景下，出现了以气温升高、降水减少为主要特征的天气气候事件，保护生态环境和应对气候变化成了当务之急。

东洞庭湖被誉为"长江中游的明珠"，独特的生态环境孕育了得天独厚的自然资源；这里物种古老独特、珍稀度高，引起了全世界的普遍关注和重视。洞庭湖作为长江中下游地区仅存的两个自然通江湖泊，在调节长江洪水径流、保护物种基因或生物多样性方面发挥着极其重要的作用。

31

洞庭湖面积变化图

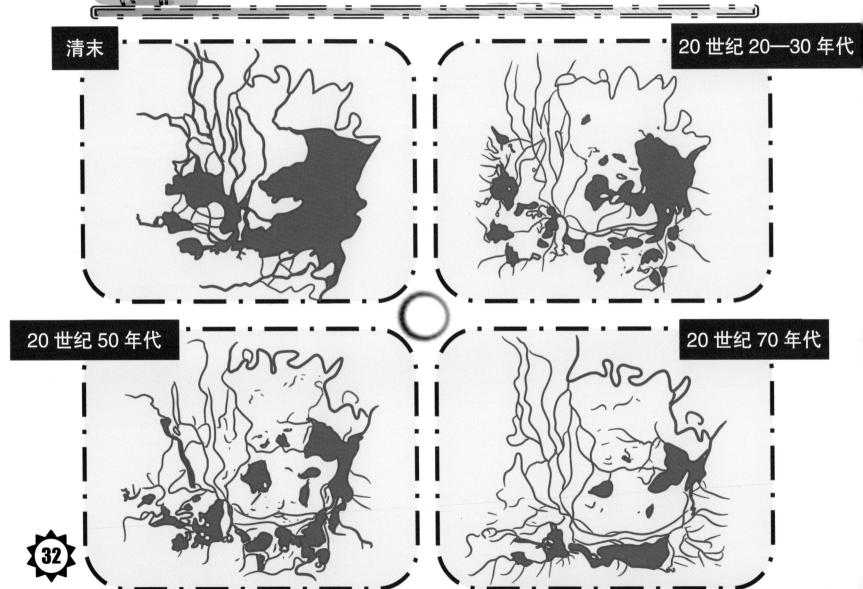

清末

20 世纪 20—30 年代

20 世纪 50 年代

20 世纪 70 年代

洞庭湖北纳长江的松滋、太平、藕池、调弦四口来水，南和西接湘、资、沅、澧四水及汨罗江等小支流，由岳阳市城陵矶注入长江。

　　洞庭湖是长江流域重要的调蓄湖泊，具有强大蓄洪能力，曾使长江无数次洪患化险为夷，包括江汉平原和武汉在内的长江中下游得以安全度汛。但是，洞庭湖面积目前已由最大时的约6000平方千米骤减到如今的约2600平方千米，退居我国第二大淡水湖。随着洞庭湖面积的萎缩，它调蓄洪水的能力大大减弱。

　　湖区泥沙淤积，湖水污染严重，导致洞庭湖调节江湖洪水能力下降、湖内生物种类减少，湖泊湿地动植物资源利用状况也令人担忧。

　　亲爱的小朋友们，恢复洞庭湖调节长江中游地区江湖洪水功能，保障长江中下游沿江防洪安全，加强湖区生物多样性的保护，推进洞庭湖区的综合管理和可持续发展等已经成为公众关心的问题。那么，减少泥沙进入洞庭湖，在河流上游植树造林，保护植被，参与洞庭湖生态环境大保护，从现在开始，从我做起吧！

岳 阳 地 图

关注公众号
获取最新天气信息

华容

临湘

岳阳

岳阳县

汨罗

湘阴

平江

岳阳市气象局地址：
岳阳市岳阳楼区巴陵东路 451 号

中国百年气象站科普展馆地址：
岳阳市岳阳楼区洞庭北路 60 号
（岳阳楼风景区西南侧）

洞庭湖气象科普馆地址：
岳阳市南湖新区湖滨风雨山

岳阳市水上安全气象保障工程技术研究中心

　　中心依托岳阳市气象局组建，拥有办公面积 800 平方米，拥有一套多普勒天气雷达、一套 CMACast 卫星接收系统、一套岳阳水上安全气象预测预警系统、一套气象影视节目录播系统、一个大气负氧离子观测站、一个气溶胶质量浓度观测站、232 个区域自动气象观测站、12 个水上自动气象站、9 座大气电场仪等设备。它承担着对岳阳洞庭湖水体及周边大气环境状态进行高时空、高密度实时监测的任务。

　　中心是湖南省首个针对水上安全而成立的气象保障中心，开创了湖南省水上气象服务先河，为洞庭湖流域船舶航行安全提供及时、高效的气象保障服务，减少或避免由雾和大风等气象灾害诱发的水上航行事故，同时为经济社会及民众生活提供更多的气象保障服务。